科普小天地

科學超有趣

物理

洋洋兔 編繪

前言

讓孩子在學習中快樂成長
原來物理也這麼有趣

生活中到處都蘊藏着物理的奧秘，我們通過探究物理來解釋生活中的各種現象，也利用物理進行各種發明創造。在學習和生活中，你可能會有這樣的疑問：

為甚麼蘋果熟透了之後會從樹上掉下來？為甚麼乒乓球癟了，用開水燙一下就會立馬恢復？為甚麼阿基米德會說「給我一個支點，我就能撐起整個地球」？萬有引力、熱脹冷縮、槓桿原理⋯⋯這些物理詞語都是甚麼意思？它們蘊含了甚麼樣的生活哲理？當你的頭腦中浮現着許多「為甚麼」的時候，你需要一本書來解開心中的疑惑。

《科學超有趣：物理》這本書中有大量的精美圖畫和有趣的物理知識，讀過此書，所有的物理詞語將不再深奧難懂，而且會顯得奇妙無窮。另外，你也一定會發出這樣的感嘆：原來物理也這麼有趣！

　　本書語言簡潔精煉、生動活潑，使小讀者們能夠很容易地理解和吸收知識，讓孩子們在快樂中獲得知識。

目錄

生活中的物理

物理小魔術

物理與生活

● 物理與生活有着千絲萬縷的聯繫，在人們生活的地方幾乎都有物理現象。家裏所有的照明裝置都涉及物理學中的家庭電路；冬天窗子上會結冰花，涉及物理學中的熱現象…… 來，讓我們一起走進生活中的物理吧！

● 家庭電路

在家庭生活中，電燈能夠照亮黑夜，空調可以調節室內溫度，我們可以為手機充電……所有這些都應歸功於物理中的家庭電路。家庭電路讓生活變得舒適和便利。

● 力

在我們拔河時，當繩子兩邊力的大小處於等值情況時，繩子因為平衡力的作用而不發生移動。

● 光

光在日常生活中幾乎隨處可見。無論是空中的太陽光，還是夜晚室內的燈光，都是物理學中的可見光。但有些光是我們的眼睛看不到的，比如天空中的紅外線。

● 熱現象

熱現象在生活中很常見，水開了會沸騰，水變成氣體而蒸發，冬天會結冰，把冰放在室內，過一會兒它就會融化等等，這些都是物理學中的熱現象！我們可通過溫度計來測量熱或冷。

● 電與磁

雷達之所以能夠準確定位空中的飛機，就是因為它是利用電磁波來探測目標的電子設備。雷達發射電磁波對目標進行照射並接收其回波，由此獲得目標的相關信息。

人物介紹

小野人

男生，從原始森林裏來，力氣巨大，語言簡短，不會很複雜的表達，對現代生活充滿了好奇，不過也鬧了許多笑話，酷愛打獵，甚麼都想獵取。

都市女生 TT

愛美，愛炫耀，聰明女生，在與小野人接觸的過程中，教會小野人許多城市生活的知識。

寵物熊貓黑眼圈

愛吃爆谷，無所不知，卻又喜歡裝傻，睡覺是他一生的樂趣。

光與聲的奧秘

　　在我們生活中，光和聲幾乎無處不在，奧秘無窮。所有的光線都能用眼睛看到嗎？為甚麼聲音聽起來會不一樣呢？為甚麼在黑暗中我們看不見物體，而蝙蝠卻能「看」得一清二楚？這些問題，你平時都思考過嗎？放下學習物理的心理包袱，開開心心地翻開漫畫，讓我們一起來探尋光與聲的奧秘吧！

狩獵大賽

給，別說我們欺負你！

不需要，你們頂多是半個人加一隻貓，我們不用道具也不會輸給貓人的。

太瞧不起人了！

都給我好好比賽！

冬冬，那邊有三隻鹿！

哪裏？

另一邊

小野人，你幹嗎不要望遠鏡，那個能看到很遠的獵物！

它有千里眼，我有順風耳——西面有三隻鹿跑過來了。

你居然知道這個物理原理，不簡單啊！

甚麼物理原理？我就知道趴在地上能聽到更遠的聲音。

13

聰明，響度就是聲音的強弱、大小。

音色、音調和響度之間要搭配好才能演奏出美妙的音樂。

由於樂器的音色不同，所以不同歌曲要選擇不同的樂器來表現。

比如悲傷的曲子用二胡來表現。

歡快的曲子用笛子來表現。

雄壯的曲子用鼓來表現。

而且大合唱要講究響度的配合，有的樂器是主打，響度就要放大；有的樂器是配樂，響度就要適當放低，以突出主體音樂。

音調則是音樂悅耳的基礎，如果五音不全，總是跑調，就會曲不成曲了。

哦，看來要辦好一場大型的演唱會真不容易啊！

是啊，就算再好聽的音樂，聲音太大太亂了，也會變成噪聲！

對哦，為甚麼我在街上聽人說話就覺得是噪聲，在這裏聽音樂就感覺很愉快呢？

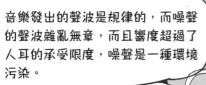

音樂發出的聲波是規律的，而噪聲的聲波雜亂無章，而且響度超過了人耳的承受限度，噪聲是一種環境污染。

那怎樣控制噪聲污染呢？

是啊，噪聲有害身體健康，控制噪聲污染是很有必要的。

五音不全……

當然是控制聲音的響度了。

我覺得還是控制聲音的主人比較容易點。

聲音 有甚麼秘密？

聲音只是聲波通過固體或液體、氣體傳播形成的運動。那麼，聲音是如何產生的？聲音是如何傳播的？聲音有甚麼特性呢？回聲是怎麼回事？

小貼士： *聲音傳播的範圍是有一定限度的。*

 聲音之謎・ 聲音從何而來

聲音是由物體振動產生的，正在發聲的物體叫聲源。聲音其實是一種壓力波。聲波振動內耳的聽小骨，這些振動被轉化為微小的電子腦波，它就是我們覺察到的聲音。當演奏樂器、拍打一扇門或者敲擊桌面時，它們的振動會引起空氣分子有節奏的振動，於是就產生了聲波。

敲擊琴鍵時，會產生聲波，聲波傳到耳朵，就形成了聲音。

聲音的特性

音調、響度、音色是聲音的三個主要特徵，人們就是根據它們來區分聲音的。

音調是指聲音的高低，由頻率決定，頻率越高，音調越高，頻率的基本單位是赫茲；響度由振幅和聲源的距離決定，振幅越大，響度越大，聲源的距離越小，響度越大；音色是由聲音的波形決定的，聲音因物體材料不同而具有不同的特性。

聲音如何傳播？

聲音的傳播速度跟介質有關，在不同的介質中傳播的速度是不同的，聲音在水中比在空氣中傳播得快。聲音的傳播也與溫度有關，聲音在熱空氣中比在冷空氣中傳播快。聲音的傳播還與阻力有關，在大風的天氣中，聲音傳播的速度就慢得多。

回聲是怎麼回事？

當我們站在遠方對着一個山谷大聲呼喊的時候，我們往往會發現一個有趣的現象：不管我們喊甚麼，總會聽到一個相同的聲音從前方傳過來。

其實這就是回聲！

回聲是指障礙物對聲音的反射。當聲波遇到障礙物時，一部份會穿過障礙物，而另一部份會反射回來形成回聲。

回聲相比那些直接傳播的聲音所經過的路程更長，所以會比直接傳播的聲音晚被聽到。

如果聲速已知，當測得聲音從發出到反射回來的時間間隔，就能計算出反射面到聲源之間的距離。

聲音有重力嗎？

在物理界，根據物理學家的研究，只有那些有質量的東西，我們才會說它是有重力的。

聲音沒有質量，也就沒有重力。聲音不是物體，只是一個名稱，聲音是一種縱波，波是能量的傳遞形式。

但是它不同於光（電磁波），光有質量，有能量，有動量；聲音在物理上只有壓力，沒有質量。

蝙蝠的超聲波

好黑啊，不會有甚麼恐怖的東西吧？

沒甚麼可怕的，放心啦，有我在！

吱！

幾隻蝙蝠而已，不用那麼誇張吧？

蝙蝠眼睛真好，這麼黑都看得見！

正好相反，蝙蝠有很嚴重的弱視，它主要是靠超聲波來探路的。

超生菠？是菠菜的一種嗎？

超聲波是一種聲波。

蝙蝠發出的超聲波遇到物體會反彈回來，然後被牠們的大耳朵接收，蝙蝠就知道前面有沒有東西擋路了。

那我們怎麼聽不到？

蝙蝠口鼻發出的聲波頻率超出了我們能聽到的範圍，這樣的聲波被稱為「超聲波」。

我們動物能聽到的聲波範圍比你們人類的大。

因為聲音分不同的頻率，人只能聽到其中一部份，還有很多頻率的聲音我們是聽不到的。

怪不得在森林裏的時候，動物們總是比我早發現危險。

雷達

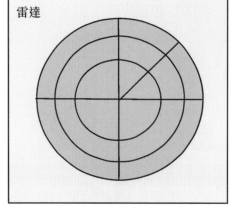

蝙蝠的超聲波不僅可以探路，還可以捕食、辨別方向呢！

雷達就是參照蝙蝠超聲波的原理製成的。

哇，小小的蝙蝠竟然這麼有用！

太好了，電筒快沒電了，我現在就去抓幾隻蝙蝠，我們就不怕迷路啦！

我也去，蝙蝠，我們來啦！

你知道哪些 聲音現象？

在自然界中，聲音有很多有趣的現象。比如，海底回聲是怎麼回事？昆蟲沒有發聲器官，如何發聲？自己聽來很響的咀嚼聲，為甚麼別人聽不到？

小貼士：自然界聲音現象的背後，隱藏着一定的物理原理。

 聲音現象 · 海底回聲

有很長一段時間，人們不能充份利用回聲。後來人們想出一個方法，利用聲音從海底的反射來測量海洋的深度。這個發明是偶然得到的。

在船的一側靠近船底的地方放一個彈藥包，其在燃燒的時候發出劇烈的聲響。這聲波穿過水層到了海底，反射以後的回聲折回到水面上，由裝在艙底的靈敏儀器接收。一隻時鐘準確計量出了聲音從發出到回聲到達相隔的時間。

根據聲音在水裏的速度，就很容易算出反射面的距離。

昆蟲是怎麼「叫」出聲的？

昆蟲大多沒有發聲器官，所以大都是靠翅膀的振動來傳達聲波的。

大多數昆蟲是沒有發出聲音的特殊器官的，但為甚麼我們會聽到昆蟲飛行時發出的「嗡嗡」聲呢？

其實，昆蟲的「嗡嗡」聲只有在牠飛行的時候才能聽得到。原來昆蟲飛行時，每秒都要振動牠的小翅膀幾百次，甚至上千次。通常個體比較小的種類，翅膀振頻高，鳴聲強度大。

人耳能聽見的振頻在每秒 20-20000 次之間，並不是所有昆蟲的飛行人都可以聽見。所以，在日常生活中，我們只可以看見蝴蝶的飛舞，而聽不見其飛行聲。

音樂廳裏的聲音

在音樂廳裏，哪怕觀眾坐得很遠，也依然可以清晰地聽到演員的台詞和音樂的響聲。

但在普通的大房子裏，只要我們坐得距離稍遠，就很難聽清對方説話的聲音。

你知道這到底是怎麼回事嗎？原來，在建築物裏發出的任何聲音都會在聲源發聲完畢後繼續傳播很長一段時間。

在多次反射作用下，它會繞着整個建築物傳播好幾次。

但與此同時，從建築物裏傳出的其他的聲音又會接着發出來，從而混淆了人們聽到的聲音。

因此人們通常不能把每個聲音都辨別清楚。

在音樂廳裏，人們已經找到了可以消滅那些雜聲的方法，那就是建造吸收剩餘聲音的牆壁。

只有自己聽得到的咀嚼聲

當我們咀嚼東西的時候，自己往往會聽到很大的聲音，可為甚麼我們身邊的人卻聽不到呢？

原來，我們頭部裏的骨頭是可以像固體一樣傳播聲音的。咀嚼的聲音通過臉部的骨骼傳至自己的耳朵裏，自己聽起來就會覺得非常響亮。但咀嚼時發出的聲音通過空氣傳到別人的耳朵時，他人只能聽到輕微的聲音。

為甚麼**黑暗中**看不見物體？

歡迎大家捧場，請欣賞音樂劇《白雪公主與七個小矮人》！

演出馬上開始！

為甚麼要關燈啊？

我們看到物體是因為物體能反射光線，關燈是為了避免光線太多而擾亂視覺。

太好了，開始了！

熊貓怎麼還沒來？

喏，熊貓在最邊上呢，他沒買到一起的票。

你和我坐一起吧，這邊太偏，肯定看不到。

能看見的。

米

TT說因為有光線反射到眼裏才能看到物體，你這邊離光線那麼遠，怎麼能看到？

光的反射是向四面八方擴散的，這叫漫反射。不然戲院這麼大，邊上的觀眾不都看不到了嗎？

鏡子反光好好玩呀！

別胡鬧！

反光

鏡子的光怎麼那麼亮啊？好刺眼。

那是因為鏡面很光滑，會把四面八方擴散的光線聚集到同一方向發射。

那為甚麼戲院不安上鏡子呢，觀眾不是看得更清楚嗎？

鏡子太多會反射出更多光線，就會擾亂視線了，而且光線太強會讓人感覺刺眼呢。

哦，是這樣，我看需要配副眼鏡了！

為甚麼？看不清舞台嗎？

老師說我上課兩眼無神，戴上眼鏡集中反射光線，這樣就能炯炯有神啦！

預備，跑！

熊貓手上的手電筒發出的光最先碰到冬冬。

光的速度大約是每秒 30 萬千米，跑一百米的距離一秒都用不了。

第一名是熊貓！

黑哨！熊貓都沒跑怎麼就贏了？

實在是太快了，我都沒來得及按下秒錶。

比賽規則不完善，這次委屈你啦！

這也能算贏？我不服！

怎麼？不服氣要打電話投訴啊？

我讓我媽把家裏的豹子牽過來，我就不信豹子跑不過你的手電筒。

笨蛋！光每秒能跑3億米，豹子每秒只能跑33米。

那……那還有比光速快的東西嗎？

目前沒有啦！

光是怎麼 傳播的？

　　光是非常常見的，那麼，光有甚麼特性？光的種類有哪些？光是如何傳播的？光的速度是怎樣的？

　　小貼士：人們日常看到的光大都來自太陽或借助設備產生的。

 明亮的光·光的種類

　　一般來說，光可以分為人造光和自然光。

　　人造光是指那些只有通過人類製造的發光設備才能發出的光。人造光在現實生活中有着非常廣泛的應用，大大改變和便利了人們的工作和生活。舉例來說，電燈發出的光可以照亮黑夜，幫助人們在黑暗的地方也可以正常活動。同時，借助人造光，人們也大大提高了工作效率。

　　自然光是最常見的一種光，它將人類世界的白天和黑夜區別開來，使一切按照大自然的規律正常運行，如太陽光。

光的特性

　　所有的光，無論是自然光還是室內光，都有其相應的特徵：

　　1. 明暗度：明暗度表示光的強弱，它隨光源能量和距離的變化而變化。

　　2. 方向：光只有一個光源，方向很容易確定；而有多個光源諸如多雲天氣的漫射光，方向就難以確定。

　　3. 色彩：光隨不同的光的本源及它穿越的物質的不同而變化出多種色彩。自然光的色彩與白熾燈光或電子閃光燈作用下的色彩不同，而且陽光本身的色彩也隨大氣條件和一天時辰的變化而變化。

光的傳播

光可以在真空、空氣、水等透明的物質中傳播。光線在均勻同種介質中沿直線傳播，小孔成像、日食和月食還有影子的形成，都證明了這一事實。

當一束光投射到物體上時，會發生反射、折射及衍射等現象。

如果讓光逆着反射光線的方向射到鏡面，那麼它被反射後就會逆着原來的入射光的方向射出。光線從一種介質斜射入另一種介質時，傳播方向發生偏離，這種現象叫作光的折射。在折射現象中，光路是可逆的。

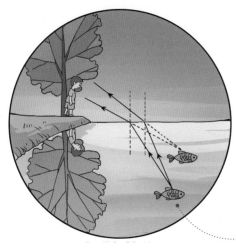

光的速度

光速，即光在真空中的傳播速度，公認值為 c=299792458 米 / 秒（精確值），是最重要的物理常數之一。除真空外，光能通過的物質叫作（光）介質。

從宏觀上來說，光在介質中傳播的速度小於在真空中傳播的速度。

因為折射的緣故，水中的魚會看起來升高一些。

海市蜃樓是怎麼回事？

平靜的海面、大江江面、湖面、雪原、沙漠或戈壁等地方偶爾會在空中或「地下」出現高大樓台、城郭、樹木等幻景，稱為海市蜃樓，又稱「蜃景」。

當近地面氣溫劇烈變化時，會引起大氣密度的差異，遠方的景物在光線傳播時發生異常折射和全反射，從而形成「海市蜃樓」的現象。

視野
會受局限嗎？

剛剛買的假髮……

禿頭鏡？沒有頭髮的鏡子？

不是啦，凸透鏡是中央較厚，邊緣較薄的透鏡。平常用的放大鏡都是凸透鏡，因為凸透鏡有聚光的作用。

望遠鏡和凸透鏡有甚麼關係呢？

你看看望遠鏡，是不是前後各有兩塊鏡片？

是啊，一共四個鏡片。

前面的長焦距凸透鏡，叫物鏡；後面的凸透鏡焦距短，叫目鏡。目鏡就是貼近你眼睛的那塊凸透鏡。

物鏡和目鏡？有甚麼區別？

物鏡把來自遠處景物的光線拉近，在近處會聚成倒立的縮小的實像。

然後，這個實像又落在目鏡的前焦點上，我們就看到了放大了很多倍的圖像，就像拿放大鏡看東西一樣。

就是先縮小再放大，然後我們就看到遠處的風景了？

嗯。

凸透鏡的用途很廣泛，比如製作放大鏡、老花眼鏡及攝影機、幻燈機和顯微鏡等。

哦，這個是凸透鏡，那有沒有凹透鏡啊？

有，凹透鏡也是很重要的光學器件。

凹透鏡是一種中央薄，周圍厚，凹進去的透鏡。

和可以滙聚光線的凸透鏡不同，凹透鏡可以發散光線。

所以，凹透鏡所成的像和凸透鏡相反，凸透鏡總是放大物體的像，凹透鏡總是縮小物體的像。最常見的凹透鏡用途就是近視眼鏡。

軍用

汽車透鏡

工業

在軍事、工業等很多領域，這兩種透鏡都有非常廣泛的應用。

我要用它放大遠處的小白兔。

啊！鮮紅的大嘴巴！小白兔好大好可怕！

那是因為小白兔離你這麼近，就在腳邊啊！

甚麼光看不見？

對不起，對不起！
我來晚了。

哇！漢堡！

我要吃！
我要吃！

不要碰，你的
手好髒！

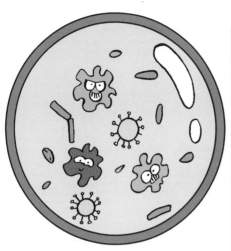

飯前要先洗手，大家一起去。

別傷心，小野人。看我給你變個魔術。出水！

魔術師！教教我吧！我學會了這招，森林就再也不會乾旱了！

熊貓逗你玩的。這是紅外感應，是紅外線的一種應用。

紅外線？可以織毛衣嗎？

紅外線跟紫外線一樣，是不可見光線中的一種，又叫作紅外熱輻射。

在生活中，我們的電視、汽車遙控器，賓館的房門卡等都是利用紅外線工作的。

不可見？那它是怎麼被發現的呢？

讓我的電腦給你介紹介紹威廉·赫歇爾發現紅外線的故事吧。

七色光

白光

英國人威廉·赫歇爾發現，太陽光穿透稜鏡後折射出無數種顏色。

威廉·赫歇爾用溫度計測量各種顏色光線的溫度，並在紙上記錄下各種顏色光線的溫度。

顏色

溫度

威廉·赫歇爾繪製了圖表：顏色由紫色到紅色，溫度箭頭不斷上移，溫度越來越高。可是當將溫度計放到紅光以外的部份時，溫度箭頭仍然一直上移。

紅外線

威廉·赫歇爾因而驚訝地發現：原來世界上還存在紅外線！

運動和力

運動和力在物理學中的應用非常廣泛，比如，船是依靠甚麼浮在水面上的？一顆掉下的蘋果引發了甚麼樣的大變革？為甚麼拳擊手在擊打別人的時候自己也會後退？這些問題都能在物理學中找到答案，物理並不像你想像的那麼抽象，而是可以觸摸到、感受到的實實在在的科學。

快拋掉古老的學習方法，和我們一起邊看故事邊學科學吧！

靜止還是運動？

同理，小野人推冬冬的時候，給了冬冬一個作用力，同時他也會受到冬冬給的反作用力。

那作用力和反作用力哪個大啊？

他們是一樣大的，只是方向正好相反，作用力和反作用力都在同一條直線上。

就是我！

作用力與反作用力同時出現且大小相等。

這個原理是牛頓發現的，叫作牛頓第三定律。

是嗎？有哪些啊？我怎麼沒發現？

生活中有很多運用作用力和反作用力的例子哦！

走路的時候，腳往後蹬，地就把腳往前推，身體就能前進了。

划船的時候，槳會把水往後推，水把槳朝前反推，船就能夠前進了。

蘋果
引發的大事件

小野人，你在幹甚麼呢？

我在等蘋果熟了掉下來，砸我腦袋。

萬有引力是指任何物體間都存在引力，而且質量越大，引力就越大。

可是我沒感覺到我跟冬冬之間有甚麼萬有引力啊。

是啊！

你們兩個之間的萬有引力太小了，所以感覺不到。

可是蘋果怎麼就被地球的引力給吸引過去了呢？

星

那是因為地球的質量比你們大多了，萬有引力也就大，不僅蘋果，就連人、月亮和衛星也都被地球牢牢地吸引着。

月球

為甚麼開車要繫安全帶？

別看我剛學會開車沒多久，技術可是一流的。

小心，紅燈！

哎呦！

咚！

怎麼不繫安全帶啊？這樣很危險的！

緊急剎車的時候，車雖然停了，人還在向前運動，就會由於慣性向前猛傾。

安全帶有甚麼用，我從來都不繫。

你如果繫了安全帶就沒事啦，我看你能活到現在真是個奇蹟。

慣性？難道剛才是他在背後推了我一把？

笨死了，慣性是所有的人和東西生下來就有的一種屬性。

你趕緊想想辦法啊，不然中午就要洗碗啦！

只有靠它了，抓緊點，說不定能趕上。

熊貓，為甚麼輪滑鞋和自行車的速度都比跑步的要快啊？

因為有輪子，能減小摩擦力啊！

任何表面不光滑的兩個物體接觸就會有摩擦力，我們的鞋和地面產生的靜摩擦力就會阻礙我們前進的速度。

摩擦力？

摩擦力

摩擦力

摩擦力

摩擦力

那為甚麼輪子就能減小摩擦力呢？

因為它產生的是滾動摩擦力，比不動的物體所產生的靜摩擦力要小。

我們趕上ㄇㄇ了。

哈哈，熊貓，我先走一步！ㄟㄟ，抓住你了吧！

哎呀，怎麼沒摩擦力啦……

因為冰的表面光滑，和鞋接觸產生的滑動摩擦力比靜摩擦力要小。

哈哈，我先走一步啦，碗就歸你們洗啦！

那滑動摩擦力比滾動摩擦力大還是小啊？

同條件下滾動摩擦力更小一點，我的腳扭傷了，肯定趕不上熊貓了，至於你，唉……

誰説的，我們可以滾回去啊，絕不能讓熊貓佔便宜。

怎樣撬起大石頭？

我們繞路走吧！

哇！好大的石頭！雖然我是大力士，但我也搬不動。

不用，我來把它搬走。

拿棍子搬？頭一次聽說。

動力（小野人）× 動力臂 =
阻力（熊貓）× 阻力臂

動力（小野人）× 動力臂 >
阻力（熊貓）× 阻力臂

哦，所以當我力量
不夠大的時候，通
過調整力臂就可以
搬起石頭了？

對，是古希臘偉
大的物理學家阿
基米德發現了這
個原理，很久很
久以前……

陛下，這就是
槓桿的力量。
給我一個支點，
我能撬起整個
地球。

陛下，不好
了，羅馬海
軍偷襲我們
啦！

怎麼辦啊？
怎麼辦？

陛下，我用槓桿原理製作了一些投石器，能投出巨石砸中敵船，敵軍必敗。

好！好！快點投石退敵！

哈哈！敵軍敗了，咦，國王陛下呢？

大人，陛下被投石機投出去了。

好厲害！

還站在那兒幹甚麼？快來幫忙啊！

終於弄下山去了！

啊！還有更大的！！

頭盔的作用

加油，加油！

哇，他們的頭盔好漂亮，就是個頭太大了！

那叫安全頭盔，是能保命的！

當然啦，頭盔在選手遇險時，可以通過減小壓強來保護他們的頭部。

常見的力 有哪些？

在日常生活中，存在着各種各樣的力。那麼，甚麼是力的三要素？力有甚麼作用？常見力的主要有哪幾種？

小貼士：力同時產生，也同時消失。

力的三要素

力是物體對物體的作用，一個物體受到力的作用，一定有另一個物體對它施加這種作用，力是不能擺脫物體而獨立存在的。任何兩個物體之間的作用總是相互的，施力物體同時也一定是受力物體。

力的大小、方向、作用點是力的三要素。力的三要素不同，力的作用效果就不同。

性質力

摩擦面產生阻礙運動的摩擦力。

性質力是指那些按力本身的性質定義的力，常見的性質力主要有重力、彈力、摩擦力、電場力等。

人使勁往上跳，即使跳得很高，也會很快落到地面上，這是因為他們受了重力的作用。你壓縮一個彈簧，彈簧反抗你的壓縮，這個反抗的力就是彈力。相互接觸的兩個物體，當它們要發生相對運動時，摩擦面就產生阻礙運動的摩擦力。摩擦力一定阻礙物體的相對運動，並產生熱。物體表面越粗糙，摩擦力越強。

靜止的或做勻速運動的物體受到平衡力的作用時，會仍處於靜止狀態或勻速運動狀態。

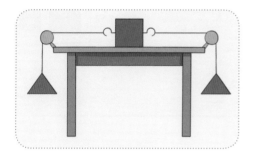

力的作用

力可以改變物體的形狀，使物體發生形變；力可以改變物體的運動狀態，如速度大小、運動方向，兩者至少有一個會發生改變；同時，力使勻變速直線運動的物體一直保持「勻變速」不變。

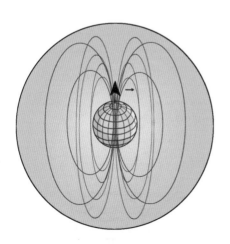

效果力

效果力是指根據力的作用效果命名的力。壓力是最常見的一種效果力。壓力是垂直作用在物體表面上的力。例如把書放在水平的桌子上，書對桌面的作用力就是壓力，大小等於書的重力。但是如果把書放在斜板上，這時書對斜板的壓力比書的重力要小。

揹書包走路時，你就會受到書包的壓力作用。

電磁力的應用

在現今工程技術高度發達、科技手段能夠實現的條件下，人們可以創造出強磁場和大電流，從而獲得強大的磁力。

但是人們卻難以獲得大量的靜電荷和強電場來產生強大的靜電力。

幾乎所有的電動機都是靠磁力驅動的。

而一些靜電儀器、電子管器件、靜電除塵裝置等，則是以靜電力來實現其功能的。

船為甚麼能浮起來?

你們說，為甚麼船能浮在水面上啊？

因為有浮力啊！

浮力是甚麼力啊，這麼厲害？

重力是怎麼回事？

　　重力是物理學中的一個重要概念。那麼，甚麼是重力？重力有甚麼獨特性？重力的重心在哪裏？重力有哪些應用？

小貼士：重力的應用非常廣泛，幾乎無處不在。

 重力・甚麼是重力？

　　由於地球的吸引而使物體受到的力，叫作重力。重力的單位是牛（N）。重力適用於宇宙中的天體、人造天體和飛行器。

重力的應用

　　我們生活在地球上，重力無處不在。如工人師傅在砌牆時，常常利用重垂線來檢驗牆身是否豎直，這是充分利用重力的方向是豎直向下的這一原理；羽毛球的下端做得重一些，這是降低重心，使球在下落過程中保護羽毛。如果沒有重力，水就不能倒進嘴裏；如果沒有重力，人們起跳後就無法落回地面。

建房時用的重垂線

用於教學的重心錐架

利用重心原理做成的羽毛球

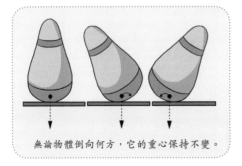

無論物體倒向何方，它的重心保持不變。

重力的重心

　　物體各部份受到的重力作用都集中於一點，這個點就是重力的等效作用點，叫作物體的重心。重心的位置與物體的幾何形狀及質量分佈有關。形狀規則、質量分佈均勻的物體，其重心在它的幾何中心，但是重心的位置不一定在物體之上。

重力的獨特性

　　重力與彈力、摩擦力、電場力等有本質區別。只有萬有引力和慣性力有資格成為重力的分力，因為萬有引力和慣性力都是同時作用在物體上，使物體獲得重力的。彈力、摩擦力、電場力只能作用於物體的局部，這些作用在物體局部的力，不能像萬有引力和慣性力那樣使物體獲得重力。

失重

 超重與失重

　　同一物體在不同情況下所受重力不同，大於正常值時說物體超重，小於時說失重。一般情況下，在同一地點，同一物體的重力是恆定的。超重和失重時重力不變。

超重

 神奇的萬有引力

　　地球的吸引作用使附近的物體向地面下落，萬有引力是太陽系等星系存在的原因。沒有萬有引力，天體將無法相互吸引形成天體系統。萬有引力同時也使地球和其他天體按照它們自身的軌道圍繞太陽運轉，月球按照自身的軌道圍繞地球運轉，形成潮汐，以及其他各種各樣的自然現象。

生活中的物理

　　物理並不是遙不可及、深奧晦澀的，在日常生活中就能見到很多物理現象哦！從高處掉下來的螞蟻總是能「安全着陸」；夏天的時候，橡皮擦和塑料尺總是黏在一起；秋冬季節，頭髮總是毛毛地亂豎着，脫衣服時，還會被突然「電」一下，這些都是物理現象。所以，物理其實一直都在我們身邊，日常生活是離不開物理原理的。

為甚麼尺子和橡皮擦沒有一下子就黏到一起,而墨水會很快把清水染色呢?

通常說來,氣體擴散最快,液體其次,而固體是最慢的。

冬天的時候,我沒發現尺子跟橡皮擦黏在一起啊……

夏天這種情況好像就多了。

因為物理擴散和溫度相關,溫度越高,分子和原子的運動越激烈,擴散也就越快。

啊,怪不得每天晚上能聞到熊貓偷偷吃泡麵的香味呢!

哎呀呀,你胡說甚麼呢?!

不過,貌似你的肚子又圓了呢……

物理現象是如何發生的？

物理現象在日常生活中非常常見，而且與人們的生活密切相關。那麼，甚麼是物理現象？常見的物理現象有哪些？又各自蘊含着甚麼樣的物理知識？

小貼士：通過物理學的知識，可以很好地解釋物理現象的發生。

 物理現象・甚麼是物理現象

物理現象是物理變化的另一種說法，是指物質的形態、大小、結構、性質等的改變而沒有新物質生成的現象。比如，水開了會沸騰；脫毛衣時會有靜電產生；墨水滴在水裏會迅速擴散；冬天水會結冰……這些都是普通而有趣的物理現象。

墨水在水中散開，這是一種物理擴散現象。

雨後天空中為甚麼出現彩虹？

彩虹是氣象中的一種光學現象。當陽光照射到半空中的雨點時，光線被折射及反射，在天空上形成拱形的七彩的光譜。只要空氣中有水滴，陽光正在觀察者的背後照射，便可能產生彩虹現象。

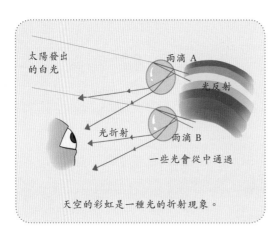

太陽發出的白光　雨滴 A　光反射　光折射　雨滴 B　一些光會從中通過

天空的彩虹是一種光的折射現象。

冬天窗上為甚麼會結冰花？

在寒冷的冬天，屋子裏溫度高，空氣中的水蒸氣變熱，它們在飄動的時候，如果碰上冰冷的玻璃，就凝結了。這就是物理凝華現象。此外，水蒸氣碰上去的時候是不均勻的，有的地方水蒸氣多些，冰就結得厚些；有的地方水蒸氣少些，冰就結得薄些。

為甚麼鞦韆能越擺越高？

鞦韆和單擺差不多，在有一定阻力的現實狀態下，給它一個推力，它就會借助向心力做週期不斷減小的運動。

人從高處擺下來的時候身子是從直立到蹲下，而從最低點向上擺時，身子又從蹲下到直立。

由於從蹲下到直立，重心升高，無形中就對自己做了功，增大了重心勢能。

鞦韆越擺越高，是利用了物理的重心原理。

所以，每擺一次鞦韆，都使盪鞦韆的人自身能量增加一些。如此循環往復，總能量越積越多，鞦韆就擺得越來越高了。

會飛的氣球

如果給氣球突然放氣，就能看見氣球運動的路線曲折多變。

一是吹大的氣球各處厚薄不均勻，張力不均勻，放氣時各處收縮不均勻而擺動，從而運動方向不斷變化；

二是氣球收縮過程中形狀不斷變化，因而氣球表面處的氣流速度也在不斷變化。

流速大，壓強小，所以氣球表面處受空氣的壓力也在不斷變化，氣球因此而擺動，所以運動方向不斷變化。

為甚麼「禁止用塑料桶裝汽油」？

在加油站，經常會看到「禁止用塑料桶裝汽油」警告語，那麼，為甚麼「禁止用塑料桶裝汽油」？這是因為在運輸過程中，由於塑料是絕緣體，它不能將因摩擦而產生的電荷傳導出去，電荷累積多了，就容易產生放電現象，從而就會引起汽油燃燒，出現危險事故。

國王的金碗

你們三個都要娶公主，可是我只有一個 TT 公主，怎麼辦呢？

燙！燙！燙！

啊！啊！啊！
我的媽呀！

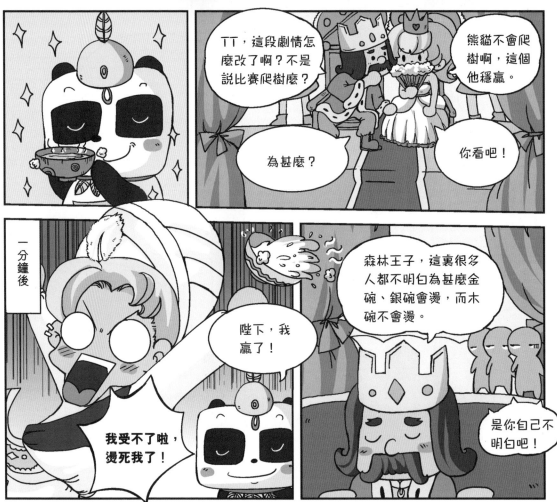

TT，這段劇情怎麼改了啊？不是說比賽爬樹麼？

熊貓不會爬樹啊，這個他穩贏。

為甚麼？

你看吧！

一分鐘後

陛下，我贏了！

森林王子，這裏很多人都不明白為甚麼金碗、銀碗會燙，而木碗不會燙。

我受不了啦，燙死我了！

是你自己不明白吧！

摩擦為甚麼能生熱？

好冷啊！快凍死了！快想辦法取火啊！

誰有打火機或者火柴啊？

摩擦 是好還是壞？

　　摩擦無處不在，但我們卻無法看得到。那麼，甚麼是摩擦？摩擦有幾種？摩擦有甚麼用途？摩擦有哪些應用？

小貼士： 摩擦既能給我們帶來麻煩，也能為我們帶來便利。

 無形的摩擦・甚麼是摩擦

　　當一種物體與另一物體相互接觸，並彼此沿着某一方向運動的時候，在兩物體的接觸面之間有阻礙它們運動的作用力，這種力叫摩擦力。接觸面之間的這種現象或特性就叫「摩擦」。摩擦是不可缺少的，例如，人的行走、汽車的行駛都必須依靠地面與腳和車輪的摩擦。在泥濘的道路上，因摩擦太小，走路很困難，並且容易滑倒。

摩擦的種類

　　摩擦的類別很多，按摩擦的運動形式，可分為滑動摩擦和滾動摩擦。前者是兩個相互接觸的物體有相對滑動或有相對滑動趨勢時的摩擦，後者是兩個相互接觸的物體有相對滾動或有相對滾動趨勢時的摩擦。在相同條件下，滾動摩擦小於滑動摩擦。

　　按摩擦表面的潤滑狀態，摩擦可以分為乾摩擦、邊界摩擦、流體摩擦和混合摩擦。

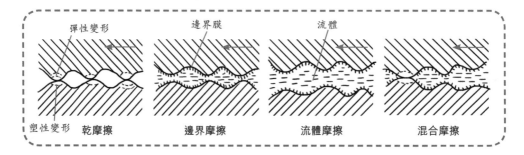

彈性變形　　　邊界膜　　　流體

塑性變形　乾摩擦　　　邊界摩擦　　　流體摩擦　　　混合摩擦

摩擦的用途

關於摩擦的用途，有好也有壞。

好處：增加阻力，便於車輛剎車；發光生熱，如古人「鑽木取火」就是利用了摩擦力的原理。

壞處：增加磨損，在日常生產中，經常會遇到由於磨損而導致零件報廢的事情。如機器運轉時的摩擦造成能量的無益損耗和機器壽命的縮短，並降低了機械效率。因此常用各種方法減小摩擦。

在汽車上，當發動機作為動力源帶動車輪旋轉時，傳動齒輪間的摩擦就是一種害處。

 剎車是怎麼回事？

小朋友可能會注意到，火車、貨車或遊覽車等較重車輛剎車停止時，都會發出巨大的響聲。這一響聲來自動力剎車系統，是剎車完成後釋放壓縮空氣造成的。

動力剎車系統有真空動力剎車系統與壓縮空氣動力剎車系統兩種，它們都能產生巨大壓力，並將其傳遞到輪子的剎車鼓（或剎車碟）的接觸面上。

因為壓力越大，正向接觸力就越大，接觸面便會產生強大的摩擦力，使車輪能在短時間內停止滾動，最終以滑動摩擦的方式來阻止車子的前進。

摩擦的應用

鞋底花紋與地面的摩擦可以使人行走更安全。

借助磨刀石和刀子的摩擦，刀的鋒刃會變得更鋒利。

輪胎的花紋有助於加速和剎車。

為甚麼溫度計裏的液體時多時少？

好難受呀，我是不是發燒了？

先量個體溫吧，小野人，去拿體溫計來！

這怎麼用啊？

看看液體表示的讀數。

如何測量 溫度？

每種物體都有它自身的溫度，那麼，甚麼是溫度？真空中也有溫度嗎？溫度如何計量？溫度對人體有甚麼影響？

小貼士： 在不同的環境中，物體的溫度也會不同。

 高低不同的溫度・甚麼是溫度？

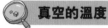
溫度高　　　　　　溫度低

溫度是物體內分子間平均動能的一種表現形式。分子運動越快，物體越熱，即溫度越高；分子運動越慢，物體越冷，即溫度越低。

真空的溫度

對於真空而言，溫度就表現為環境溫度，是物體在該真空環境下，物體內分子間平均動能的一種表現形式。物體在不同熱源輻射下的不同真空裏，溫度是不同的，這一現象為真空環境溫度。

比如，物體在離太陽較近的太空中，溫度較高；在離太陽較遠的太空中，溫度較低。

溫度的測量儀器

氣象站用來測量近地面空氣溫度的主要儀器是裝有水銀或酒精的玻璃管溫度表。測量近地面空氣溫度時，通常都把溫度表放在離地約 1.5m 處四面通風的百葉箱裏。人們用來測量體溫的儀器主要是體溫計。

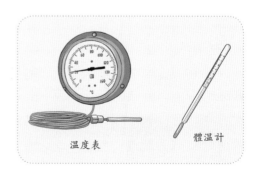
溫度表　　　　　體溫計

科學家研究認為，30℃左右是人體感覺最佳的環境溫度，也是最接近人皮膚的溫度。

當溫度為 33℃時，汗腺開始啟動，通過微微出汗散發蓄積的體溫。當溫度為 39℃時，汗腺拼命地工作，此時容易出現心臟病猝發等危險。

當體溫在 35-41℃時，人還會清醒；當體溫超過 41℃時，人體的肝、腎、腦等器官將發生功能性障礙；連續幾天 42℃的高燒，足以使成年人死去；而當體溫下降到 35℃時，人的死亡率為 30%；低於 25℃時，生存的希望非常渺茫。

人類在進化的過程中形成了體溫保持 37℃左右的相對恆定的規律。

溫度的計量單位

大氣層中氣體的溫度是氣溫。氣溫是氣象學常用名詞，它直接受日射所影響：日射越多，氣溫越高。中國以攝氏溫標℃表示溫度，0℃為結冰點，100℃為水的沸點。

攝氏度和華氏度（華氏度 =32+ 攝氏度 ×1.8）都是用來計量溫度的單位。

世界上最早的溫度計

世界上最早的溫度計是 1593 年由意大利科學家伽利略發明的。

他的第一枝溫度計是一根一端敞口的玻璃管，另一端帶有核桃大的玻璃泡。使用時先給玻璃泡加熱，然後把玻璃管插入水中。

隨着溫度的變化，玻璃管中的水面就會上下移動，根據移動的多少就可以判定溫度的變化和溫度的高低。

後來伽利略的學生和其他科學家在這個基礎上進行了反覆改進，如把玻璃管倒過來、把液體放在管內、把玻璃管封閉等。

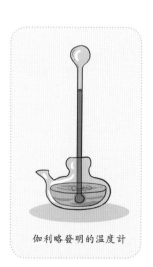

伽利略發明的溫度計

坐電梯的感覺

1F

哎喲，頭好暈！

沒事的，這是人坐電梯時的一種正常反應，超重的感覺。

摔不死的螞蟻

呔！不可殘害生靈！

那鳥從天上掉下來，也有阻力呀，怎麼就會摔死呢？

因為螞蟻身體比小鳥更輕，相對來說，受到的空氣阻力就更大。

那為甚麼人用降落傘從高空跳下來也沒事啊？人不是很重嗎？

沒錯，螞蟻在下落時，六隻腳總在不停地擺動，也延長了牠在空中停留的時間。

這樣牠落地時墜落的速度就很小了，受到地面的撞擊力也很小，螞蟻當然就摔不死了。

給你做個實驗吧。這裏有兩張紙，一樣大小。

電與磁的 演變歷程

　　從靜電的發現，到世界上第一個燈泡的發明，人類差不過已經走過了近 2500 年的漫長歷程。電與磁在物理學中佔有着重要地位，其中也蘊含着無窮無盡的未知與奧妙。

發現靜電

　　2500 年前，古希臘哲學家泰勒斯用皮革摩擦琥珀（琥珀長期埋在地下，漸漸變成了石塊一樣的硬物）時，發現了靜電現象。

1600年前

2500年前

「電」字的發明

　　吉爾伯特原本是英國宮廷的御用醫生，經過認真研究，他主張地球就像是一個大磁鐵。後來，他在做摩擦生電實驗時，還發明了「電」這個字。

1879年

1831年

發明燈泡

　　1879 年，美國科學家愛迪生發明了白熾燈，人類從此迎來光明。愛迪生擁有一千多項發明，他還發明了留聲機和油印機。

發現「電磁感應現象」

　　1831 年，英國科學家法拉第第一個發現電磁感應現象，這是電磁學領域中最偉大的成就之一。

想要認識電與磁，就讓我們從它們的演變歷程開始吧！電與磁究竟有甚麼樣的演變歷程呢？下面就讓我們一起一探究竟吧！

發明萊頓瓶

馬森布洛特出生在荷蘭的萊頓，經過長期的鑽研和不斷的反覆實驗，他終於發明了能儲存電的萊頓瓶。

1746年

1752年

閃電實驗

1752年夏季，美國科學家富蘭克林借助風箏和鑰匙證明了閃電實際上就是大量的靜電。此外，他還發明了避雷針。

1820年

1800年

發明電池

1800年，意大利物理學家伏特第一個利用化學反應做成了電池，這就是化學電池（也叫伏特電池）。

厄斯特法則

丹麥科學家厄斯特發現，指南針能夠自由運轉是電流造成的，這就是著名的厄斯特法則。

為甚麼飛鳥能擊落飛機？

胡説！鳥的翅膀明明在擺！

咦？為甚麼窗外那隻鳥看起來好像不動了？

還好它與我們坐的飛機同向飛行。

要是相向飛行呢？

相向飛行的話，我們的小命就玩完啦！

就是！小鳥撞飛機，那是自取滅亡。

熊貓你太緊張啦！

不要覺得小鳥體形小就沒事，它真的能擊落一架飛機呢！

甚麼？擊落一架飛機？

這就是相對速度。

比如，以每小時 10 千米的速度跑步，旁邊有人以 5 千米的速度和你向同一個方向走，你相對於他的速度就是 10-5=5（千米／小時）。

10-5=5

這個時候你迎面來了一個人，他以每小時 5 千米的速度行走，你相對於他的速度就是 10+5=15（千米／小時）。

啊？那小鳥和飛機的相對速度就相當於子彈的速度了！

10+5=15

沒錯！給你舉個例子。一顆子彈的出膛速度為每秒鐘 800 米，打到一塊玻璃上，結果是玻璃被打穿了一個洞。

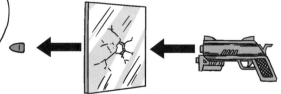

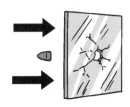

反過來，子彈不動，把玻璃加速到每秒鐘 800 米去撞擊子彈，結果一樣，是玻璃被撞出了一個洞。

因為速度是相對的，兩個東西之間的相對速度越大，撞擊力就越大。

雖然小鳥飛行的速度相對於飛機來說很小，但是飛機的速度非常快，一旦撞上，和玻璃撞子彈是一個道理。

航空業有句專門的術語叫「鳥擊」，就是鳥撞飛機的意思。

為甚麼水槽管要做成彎曲狀？

這是連通器。

連通器？甚麼是連通器？

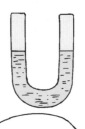

沒有水流入下水管中時，U形管內就會存有一定的水，這樣下水道中的臭氣就上不來了。

你們看，水槽下水管這個U形的部位就是連通器的樣子啦！

還有，我們生活中用到的咖啡壺也是一種連通器。

甚麼意思？

為甚麼壺嘴一樣高就裝一樣多的水？

因為兩把壺的壺嘴一樣高，所以兩把壺的容量完全相同。

我們可以把咖啡壺的壺嘴和壺肚看成是一個連通器。

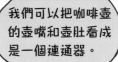

根據連通器原理，壺肚和壺嘴的液面應該保持相同高度，液體才不會流動。

可我還是不明白為甚麼水槽要做成彎曲的。

因此，同樣粗的咖啡壺只要壺嘴高度一致，無論咖啡壺誰高誰矮，裝的水都一樣多。

水槽做成彎曲的就能保留一定水量，這樣就能阻止臭氣上升啊！

毛衣
為甚麼會爆火花？

小野人，晚安！

熊貓着火了！

哪裏着火了？

小野人謊報軍情，是我脫毛衣的時候爆出了火花。

你身上真的著火了！

不是著火，是靜電作用！

靜電？怎麼就會產生靜電了呢？

由於摩擦，一些電子會跑到另外的原子周圍。

失去電子的原子帶上了正電荷，得到電子的原子帶上了負電荷。

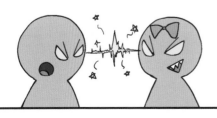

靜電產生了。

靜電是 如何產生的？

　　靜電是一種物理現象。那麼，甚麼是靜電？靜電是如何產生的？靜電的能量有多大？靜電對人們生活有甚麼影響？

● **小貼士**：在乾燥多風的季節，我們經常會發現靜電現象。

 靜電現象· 甚麼是靜電

　　所謂靜電，就是一種處於靜止狀態的電荷或者說不流動的電荷，流動的電荷就形成了電流。當正電荷聚集在某個物體上時，就形成了正靜電；當負電荷聚集在某個物體上時，就形成了負靜電，這就是日常見到的火花放電現象。北方冬天乾燥，人體容易帶上靜電，當接觸他人或金屬導電體時，就會出現放電現象。人會有觸電的針刺感，夜間能看到火花，這是化纖衣物與人體摩擦後，人體帶上正靜電的原因。

靜電產生的原因

不同材質的物體接觸、摩擦再分離，即可產生靜電。

　　日常生活中所說的摩擦，實質上就是一種不斷接觸與分離的過程。任何兩個不同材質的物體接觸、摩擦再分離，即可產生靜電。而產生靜電的普遍方法就是摩擦生電。當兩個不同的物體相互接觸並且相互摩擦時，一個物體的電子轉移到另一個物體上，這個物體因為缺少電子而帶正電；而另一個物體得到一些電子，從而帶負電。

　　材料的絕緣性越好，越容易產生靜電。任何時間、任何地點都有可能產生靜電。

靜電現象非常常見。

握手時，會感到指尖針刺般刺痛；早上梳頭時，頭髮會經常「飄」起來；拉門把手、開水龍頭時，都會「觸電」，這都是發生在人體上的靜電現象。

靜電現象的發現

在公元前 6 世紀，人類就發現琥珀摩擦後能夠吸引輕小物體的「靜電現象」。這是自由電荷在物體之間轉移後所呈現的電性。此外，絲綢或毛料摩擦時，產生的小火花是電荷中和的效果。「雷電」則是大自然中雲層累積的正負電荷劇烈中和所產生的。

靜電的影響

我們不能籠統地認為所有的靜電輻射都是對人體有害的，對人體有危害的是正靜電輻射，而負靜電輻射則對人體沒有危害。

長期處於開著的電視、電腦和微波爐等環境下，就常常可能有毛孔變大及皮膚乾燥、紅斑、皮膚瘙癢等症狀。這是由於電腦屏幕所產生的靜電吸引了大量懸浮的灰塵，使面部受到刺激引起的，對於皮膚敏感的人更是如此。

人體健康細胞均呈現負電荷，血液中健康的紅細胞、白細胞所帶電荷也均為負電荷，這樣細胞與細胞之間負負相互排斥，使人體血液中的細胞始終處於懸浮相離狀態而正常流動。

哇！怎麼會有電？

物理小魔術

　　利用簡單的物理原理，你也可以成為星光閃耀的魔術師！花盆當冰箱，紙鍋燒開水，這些都是可以實現的哦！只要準備最簡單的道具，不用花費很多心思，甚至不需要學習魔術道具的使用方法，就可以讓你的朋友們大開眼界，見到與眾不同的神奇小魔術。還等甚麼，快來試試吧！

用紙能燒開水嗎？

哇，古代的女巫能用紙摺成的鍋把水燒開，太神奇了！

女巫是有魔法的。

真的？

那算甚麼，我也可以用紙鍋燒水哦！

當然，TT 可是著名的魔法師呢。

睜大眼睛
看好嘍！

白紙

蠟燭

一杯水

透明膠

支架

現在把紙摺成鍋，
開始實驗吧。

再用透明膠帶
沿紙鍋四面粘
一圈，鍋底部
份不能貼哦。

雞蛋為甚麼會浮起來？

實驗室

杯子裏面放了半杯水，我把雞蛋放下去，會怎麼樣？

沉下去唄，這麼簡單！

是嗎？仔細看着哦。

一切浸在液體或氣體中的物體受到的豎直向上的力叫作浮力。把不同的物體放到水裏，情況會不一樣。

比如，我們把一塊木板放到水裏，它會浮在水面上。

而換成鐵塊，則會沉到水底，因為它們的密度不同。

水的密度越大，浮力也越大，我們看到的現象也就不同。

在水中加鹽。

浮力也會跟着變大，雞蛋就會浮上來啦！

水裏的分子會變多，密度也會變大。

有沒有聽過淹不死人的海？

不會游泳的人也會安然無恙！

有這麼神奇的大海？

油鍋取物是怎麼回事？

魔術

這麼燙的油,怎麼她的手一點事也沒有啊?

就是啊,好神奇啊!

小把戲而已!

都油炸人掌了，還算小把戲？

是啊，有本事你把你的熊掌也放進去啊！

不僅熊掌會沒事，就算你們倆把自己的豬蹄放進去，也會沒事的！

真的？

豬蹄？

我知道了，一定是有種藥抹在手上就不怕燙了！

當然不是，她手上甚麼也沒有抹。這個魔術只是利用了液體的沸點這個物理知識。

液體的沸點？

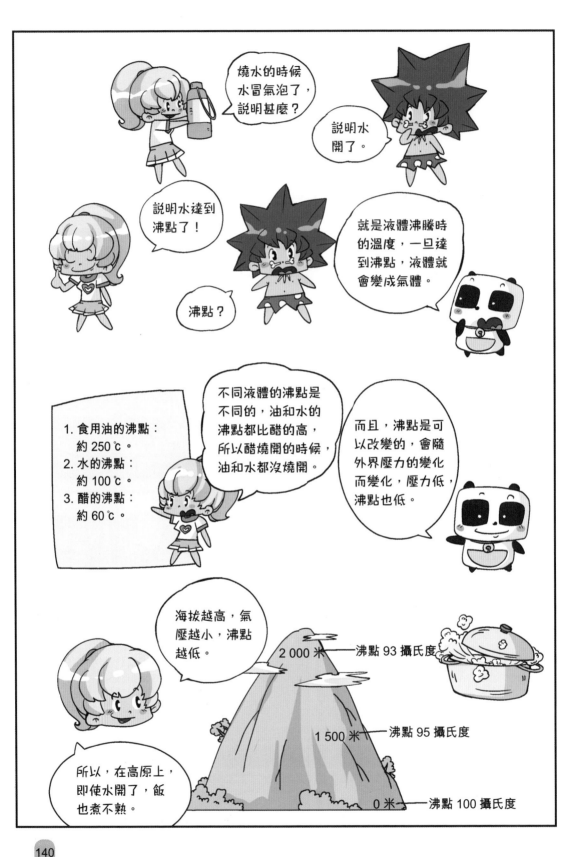

燒水的時候水冒氣泡了，說明甚麼？

說明水開了。

說明水達到沸點了！

沸點？

就是液體沸騰時的溫度，一旦達到沸點，液體就會變成氣體。

1. 食用油的沸點：約 250℃。
2. 水的沸點：約 100℃。
3. 醋的沸點：約 60℃。

不同液體的沸點是不同的，油和水的沸點都比醋的高，所以醋燒開的時候，油和水都沒燒開。

而且，沸點是可以改變的，會隨外界壓力的變化而變化，壓力低，沸點也低。

海拔越高，氣壓越小，沸點越低。

所以，在高原上，即使水開了，飯也煮不熟。

2 000 米 —— 沸點 93 攝氏度

1 500 米 —— 沸點 95 攝氏度

0 米 —— 沸點 100 攝氏度

說這麼多跟魔術有甚麼關係啊？

這個魔術就是利用了不同液體的沸點也不同這一原理，她其實是在油鍋裏放了醋。醋的密度大，就會沉在油的下面。

醋達到沸點之後，產生的氣泡浮到上面來，讓人以為是油在沸騰，實際上是醋燒開了。

60℃雖然有些燙手，但絕對不會燙傷人。如果魔術師還想再降低溫度，可以在醋裏加入硼砂或者是碳酸鈣的粉末。

要是我，我就往裏下餃子！

羊肉餡的比較好吃！

真是對牛彈琴啊！

熱現象是 怎麼回事？

　　熱現象在生活中非常普遍。那麼，甚麼是熱現象？常見的熱現象有哪些？各種熱現象有甚麼表現形式和特點？

　　小貼士：認識熱現象可以幫助我們更好地認識生活。

 熱現象・甚麼是熱現象

　　自然界中與物體冷熱程度（溫度）有關的現象稱為熱現象。人對冷和熱會產生生理上的感覺，在溫度較高的環境中，人感覺熱；在溫度較低的環境中，人感覺冷。但溫度並不是熱，溫度表示物體的冷熱程度。

水蒸氣放熱，凝結成冰，
這是典型的熱現象。

熱脹冷縮

　　當物體溫度升高的時候，物體分子的動能增加，所以表現為熱脹；同樣，當物體溫度降低的時候，物體分子的動能減小，所以表現為冷縮。

　　物體都有熱脹冷縮的現象。一般來說，氣體熱脹冷縮最顯著，液體其次，固體最不顯著。

熱水

乒乓球受熱膨脹，
這就是熱脹冷縮。

冷水

熔化

熔化是通過加熱，使物質從固態變成液態的變化過程。熔化需要吸收熱量，是吸熱過程。在標準大氣壓下，熔點與其凝固點相等。晶體吸熱溫度上升，達到熔點時開始熔化。比如，冰塊變成水，巧克力受熱變軟，這些都是熔化現象。

蒸發

物質從液態轉化為氣態叫作蒸發。一般溫度越高、濕度越小、風速越大、氣壓越低，則蒸發量就越大；反之，蒸發量就越小。在蒸發過程中，如外界不給液體補充能量，液體的溫度就會下降，這時它就要從周圍物體中吸取熱量，使周圍的物體冷卻。

水蒸氣

液體加熱後，會變成水蒸氣而蒸發掉。

沸騰

沸騰是指液體受熱超過其飽和溫度時，在液體內部和表面同時發生劇烈汽化的現象。液體沸騰的溫度叫沸點。不同液體的沸點不同。即使同一液體，它的沸點也要隨外界的大氣壓強的改變而改變。

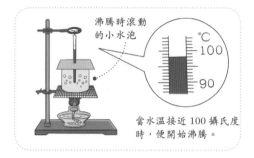

沸騰時滾動的小水泡

當水溫接近 100 攝氏度時，便開始沸騰。

凝固

物質由液態變為固態的現象叫作凝固。凝固需要散發熱量，是散熱過程。液態晶體物質在凝固過程中放出熱量，其溫度保持不變。凝固過程沒有一定的凝固點，只是與某個溫度範圍相對應。冬天來臨，水在夜間變成了冰塊，就是凝固現象。

冬天室外的水管為甚麼容易破裂？

冬天室外的水管容易破裂，這到底是為甚麼呢？這是因為水管裏的水遇冷凝結成冰，冰的密度比水的小，當質量相同時，密度與體積成反比。所以，在同樣的容器下，冰的體積大於水的體積，因此水管被脹破裂開了。

花盆為甚麼能當冰箱用？

你家怎麼沒冰箱呀？
我想喝冷飲啊。

歡迎大家來
我家做客。

146

水為甚麼會產生浮力?

　　木頭之所以浮在水面上,就是因為浮力的作用。那麼,甚麼是浮力?浮力是如何被發現的?浮力產生的原因是甚麼?浮力有哪些應用?

小貼士: 借助浮力的作用,人們發明了各種水上交通工具。

 浮力 · 甚麼是浮力?

　　浸在液體或氣體裏的物體,受到液體或氣體豎直向上托的力叫作浮力。浮力的方向是豎直向上的。當一個浮體的頂部界面接觸不到液體時,則只有作用在底部界面向上的壓力,便會產生浮力。位於容器底部的物體,只要其間有一層很薄的液膜,就能傳遞壓強,底面就有向上的壓力,物體上下表面有了壓力差,於是產生了浮力。

浮力

浮力的發現

　　浮力是由阿基米德發現的,他是古希臘傑出的數學和力學奠基人。有一天,他到澡堂去洗澡。當他躺進澡盆時,發現自己身體越往下沉,盆裏溢出的水就越多,而他則感到身體越輕。後來經過細心研究,他終於發現了浮力。

當立方體物體全部進入水中時，會受到四面八方液體的壓力。由於兩側面相對應，面積大小相等，兩側面上受到的壓力大小相等，彼此平衡。上表面的壓強小，下表面的壓強大，下表面受到的向上的支持力大於上表面受到的向下的壓力。液體對物體的壓力差，就是液體對物體的浮力。這個力等於被物體所排開的液體的重力。

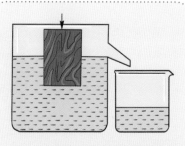

浮力等於被物體所排開的液體的重力。

浮力定律

當物體上浮時，浮力大於物體排開液體（氣體）的重力；當物體漂浮或懸浮時，浮力等於物體排開液體的重力；當物體下沉時，浮力小於物體排開流體的重力。

所以，當流體密度大於物體密度時，物體上浮；當流體密度等於物體密度時，物體漂浮或懸浮；當流體密度小於物體密度時，物體下沉。

浮力的應用

氣球

飛艇

船

熱湯圓為甚麼浮上來？

湯圓開始倒入鍋中的時候，往往是下沉的。但隨着水溫的升高，慢慢地，煮熟的湯圓會漸漸浮上水面。這是因為湯圓剛放入水中時，湯圓受到的浮力小於重力，所以沉入水底；湯圓煮熟時，它的體積增大，浮力也隨之增大，所以會浮上水面。

書　　名	科學超有趣：物理
編　　繪	洋洋兔
責任編輯	郭坤輝
封面設計	郭志民
出　　版	小天地出版社（天地圖書附屬公司）
	香港黃竹坑道46號
	新興工業大廈11樓（總寫字樓）
	電話：2528 3671　傳真：2865 2609
	香港灣仔莊士敦道30號地庫（門市部）
	電話：2865 0708　傳真：2861 1541
印　　刷	亨泰印刷有限公司
	柴灣利眾街德景工業大廈10字樓
	電話：2896 3687　傳真：2558 1902
發　　行	聯合新零售（香港）有限公司
	香港新界荃灣德士古道220-248號荃灣工業中心16樓
	電話：2150 2100　傳真：2407 3062
出版日期	2020年11月初版‧香港
	2023年11月第二版‧香港